纳唐科学问答系列

地 球

[法]安娜－索菲·波曼 著
[法]埃莱娜·孔韦尔 绘
杨晓梅 译

吉林科学技术出版社

La terre
ISBN：978-2-09-255171-4
Text: Anne-Sophie Baumann
Illustrations: Hélène Convert
Copyright © Editions Nathan, 2014
Simplified Chinese edition © Jilin Science & Technology Publishing House 2021
Simplified Chinese edition arranged through Jack and Bean company
All Rights Reserved

吉林省版权局著作合同登记号：
图字　07-2020-0039

图书在版编目（CIP）数据

地球 ／（法）安娜-索菲·波曼著 ；杨晓梅译. --
长春：吉林科学技术出版社，2023.8
（纳唐科学问答系列）
ISBN 978-7-5744-0368-0

Ⅰ. ①地… Ⅱ. ①安… ②杨… Ⅲ. ①地球—儿童读
物 Ⅳ. ①P183-49

中国版本图书馆CIP数据核字(2023)第080836号

纳唐科学问答系列　地球
NATANG KEXUE WENDA XILIE　DIQIU

著　　者	［法］安娜-索菲·波曼
绘　　者	［法］埃莱娜·孔韦尔
译　　者	杨晓梅
出 版 人	宛　霞
责任编辑	郭　廓
封面设计	长春美印图文设计有限公司
制　　版	长春美印图文设计有限公司
幅面尺寸	226 mm×240 mm
开　　本	16
印　　张	2
页　　数	32
字　　数	25千字
印　　数	1-6 000册
版　　次	2023年8月第1版
印　　次	2023年8月第1次印刷

出　　版	吉林科学技术出版社
发　　行	吉林科学技术出版社
地　　址	长春市福祉大路5788号
邮　　编	130118
发行部电话/传真	0431-81629529　81629530　81629531
	81629532　81629533　81629534
储运部电话	0431-86059116
编辑部电话	0431-81629520
印　　刷	吉林省吉广国际广告股份有限公司

书　　号	ISBN 978-7-5744-0368-0
定　　价	35.00元

目录

在花园

　　小草、鲜花、大树、水果、蔬菜……植物的生长离不开光、水，还有……土壤！

土里的小石子来自哪里？

　　地球深处的大石块碎掉之后得来的。

为什么有些动物生活在地下？

　　因为对它们来说，地下可以找到食物、建造巢穴，还能远离天敌。

植物也会呼吸吗？

当然！白天，在阳光的照射下，植物开始生长，呼出氧气。到了夜里，植物也要休息，则吸进氧气。

为什么土壤是棕色的？

因为土里有腐烂的树叶、死去的小动物，还有灰尘和石头屑，它们都呈棕色。

植物的根有什么作用？

根让植物可以竖直立起来，从土壤中汲取成长所需的养分：水、矿物质……

在图中找一找！

喷水壶

鼹鼠

人造鸟窝

3

海边

地球的大部分面积被海洋覆盖，这便是它称为"蓝色星球"的原因！

为什么海水是咸的？

落在土壤、岩石上的雨水带走了上面附着的含盐矿物质，河流又将这些盐带入大海中。

为什么大海是蓝色的？

彩虹的每一种色彩都在阳光里。当阳光照射大海时，蓝色光无法穿透水而被反射出去，这就是为什么我们眼中的大海是蓝色的！

浪花是怎么产生的？

依靠海洋上吹拂的风。风力很大时，水会被推着往前走，从而抬升起来，形成浪花。

在图中找一找！

帆船

海星

灯塔

山顶上

地球不是平的，凹陷、隆起与皱褶构成了壮丽的风景！

为什么夏天时山顶仍然有积雪？

高度越高，温度越低。因此，山顶上的积雪在盛夏也不会融化！

为什么河流总是朝着一个方向流？

水总是从高处往低处流，例如，从高山流向海洋。

雪崩是如何发生的？

　　当雪落在已经有一定重量积雪的斜坡上时，便会往下滑落，凶猛地带走沿途遇到的一切——这就是雪崩。

在图中找一找！

花

松鼠

鹰

7

火山

地球上不断有新火山诞生、老火山苏醒……当火山口喷发出大量气体与灰尘时说明——火山要爆发了！

所有火山都很危险吗？

不是！有些火山已经彻底熄灭，还有一些在沉睡，未来会苏醒。余下的活火山则可能会爆发，容易产生危险。

为什么熔岩是红色的？

因为它的温度非常高！它们是在高温作用下熔化成液体的石头。

火山口喷出的是什么？

熔岩、石块、灰尘与有毒气体！

在图中找一找！

飞机

巨嘴鸟

指示牌（逃生路线）

逃生路线

9

森林深处

从小小的树林到广袤的热带雨林，地球上有许许多多的树。我们必须好好保护它们，因为没有了树，生命就不复存在！

所有树都会落叶吗？

是！绝大部分树的叶子每年都会落下，但针叶树落叶则要两到三年。

为什么植物是绿色的？

因为它们含有一种绿色的成分，也就是叶绿素。这种成分让叶子可以吸收阳光，并将它转化成能量，用于自己的生长。

为什么植物需要水？

为了生长，为了制造根、茎、叶、果。

多亏了植物，我们才能呼吸。
这是真的吗？
　　是！所有植物都会制造我们呼吸所需的氧气。

为什么许多动物生活在森林里？
　　因为这里有食物，还可以遮风避雨，便于躲避天敌。

在图中找一找！

蘑菇

山鸡

杉树

水的旅行

水有气体、液体与固体多种形态，在地球上无处不在！

雨从哪里来？

当云朵里的小水滴太多时，便会相互融合，组成重量更大的大水滴，最后落下来，就会下雨啦！

什么决定了云朵的形状？

风的吹拂与空气的温度！有些云像绵羊，有些云像动物的爪子。

为什么海水不会溢出来？

虽然河流一刻不停地汇入海洋，但相当一部分水被太阳晒成了水蒸气，升到天空中——这是水的蒸发。

我们可以在云朵上行走吗？

不行！云朵是由飘在空中的无数小水滴组成的。

空气是什么？

由肉眼看不见的不同气体组成：氧气、氮气、水蒸气……

在图中找一找！

秃鹫

风车

渔船

13

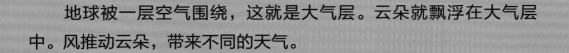

天气

地球被一层空气围绕，这就是大气层。云朵就飘浮在大气层中。风推动云朵，带来不同的天气。

为什么天气会变化？

热空气上升遇到冷空气时便会形成云朵，云朵中的小水滴重量过大时就可能引起天气变化。

闪电是怎么来的？

闪电是云与云之间、云与地之间或者云体内各部位之间的强烈放电现象。

彩虹是什么？

阳光穿过空中的小水滴，被分解成7种颜色，形成了彩虹。

在图中找一找！

城堡

绵羊

雨伞

四季

春天，夏天，秋天，冬天，在我们这里，一年是由四个季节组成的！

为什么花朵在春天开放？

春天的白天变长了，阳光更强了，植物也活跃了起来，树液开始流动，树也长出了花苞与叶子！

春天

夏天为什么会结出水果？

因为蜜蜂等昆虫在采蜜时传播了花粉。有了花粉，花朵才能结出果子。

夏天

为什么秋天会落叶？

　　阳光变少了，树液不再流到叶子里，因此叶子逐渐变黄，最后从树上落下。

秋天

雪从哪里来？

　　当气温低于0℃时，云朵中的水滴会结成冰晶，随着与过冷水蒸气的不停碰撞、凝结形成了雪花。

冬天

在图中找一找！

燕子

篮子

帽子

世界大不同

白雪皑皑的高山，潮湿温暖的森林，干燥炙热的沙漠……每个地区都有自己的独特气候，当地居民只有适应才能在此生活！

北冰洋

北极

莫斯科

欧洲

地中海

开罗

非洲

纽约

大西洋

墨西哥

美洲

赤道

圣保罗

太平洋

南极

是否有人类尚未踏足的地方？

人类已经探索了整个地球，但还未涉足过海底深处的海沟。

地球上有多少人？

大约有超过70亿人生活在地球上。

为什么各地的气候不一样？

气候根据地形以及该地区与太阳的相对位置而变化。欧洲的气候温和，赤道附近炎热、潮湿，极地地区则十分寒冷。

亚洲

北京

首尔

东京

大洋洲

悉尼

南冰洋

南极洲

买

在图中找一找！

泰姬陵

驯鹿

长颈鹿

19

审图号：GS（2021）2185号

地球上的夜晚

天空中闪耀着成千上万颗星星。快看呀，一颗流星划过天空！

白天时月亮在哪里？

也在天上，不过我们所在的地方被太阳照亮了，所以看不见月亮。

什么是流星？

　　流星不是星星！是从太空中落下的石头，在穿越大气时与大气摩擦产生热和光。

在图中找一找！

小野猪

猫

蝙蝠

21

地球，我们的星球

可以呼吸的空气、水和适宜的温度让地球成为太阳系中唯一有生命存在的行星。我们一定要好好保护地球！

海王星

天王星

土星

木星

什么是太阳系？

太阳系主要包括太阳与围绕着它的8颗行星：水星、金星、地球、火星、木星、土星、天王星、海王星。

什么是行星？

行星是由气体或石头组成的球体。

太阳会熄灭吗？

很久很久以后会。太阳是一颗巨大的恒星——灼热的气体还能燃烧几十亿年！

火星人存在吗？

不存在！虽然火星上曾经有过水，然而如今上面的温度极低，空气无法呼吸，没有水……当然也没有火星人！

太阳

绕地球一圈要多长时间？

这取决于你用什么方式！坐飞机是最快的，目前的纪录是2天又18小时。

水星

月球

火星

地球

金星

在图中找一找！

土星

海王星

月球

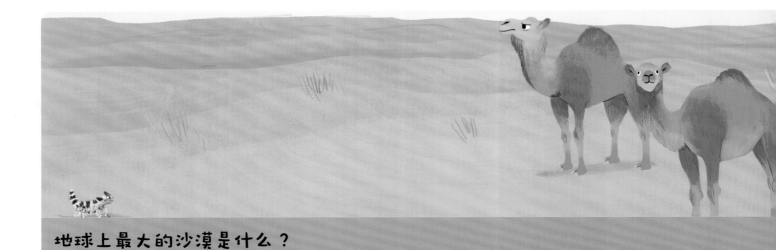

地球上最大的沙漠是什么？

是撒哈拉沙漠。它的面积相当于16个法国！这些沙丘与平原穿越了11个国家和地区，北起地中海，南至萨赫勒。

全世界最高的山是哪一座？

是位于亚洲喜马拉雅山脉的珠穆朗玛峰。尼泊尔人把这里称为"头顶触碰到天空的地方"。

为什么要节约资源？

汽油与塑料来自开采的石油，混凝土用的是地下的水和石头，玻璃是由沙子加工来的，纸的生产要用到木头……为了保护我们的家园，保护自然资源，我们必须节约，减少浪费！

环保是什么？

环保是一种尊重自然、保护自然的方式。

我们怎么做才能保护好地球呢？

每一天，我们都可以从身边的小事做起，例如刷牙时不要开着水龙头让水白白流走；离开房间时记得把灯关掉；将垃圾分类，让后续的回收处理更便捷……

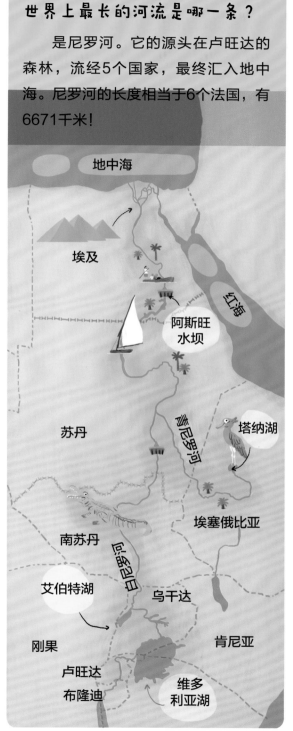

世界上最长的河流是哪一条？

是尼罗河。它的源头在卢旺达的森林，流经5个国家，最终汇入地中海。尼罗河的长度相当于6个法国，有6671千米！

地中海

埃及

阿斯旺水坝

红海

苏丹

青尼罗河

塔纳湖

埃塞俄比亚

南苏丹

白尼罗河

艾伯特湖

乌干达

肯尼亚

刚果

卢旺达
布隆迪

维多利亚湖

山是如何诞生的？

地球表面被分割成了几大板块。这些板块移动时彼此撞击，导致"皱褶"产生——山便是这样形成的！

海洋是如何诞生的？

地球表面凹凸不平。几十亿年前，地表的那些巨大凹洞被雨水填满，形成了海洋。

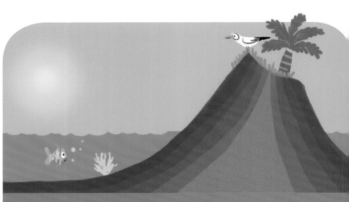

岛是漂浮在水上的吗？

不是！海洋的底部还是陆地。岛屿是这些陆地露出水面的部分，就像山一样。

为什么有地震？

有时，地表的不同板块互相撞击，产生的巨大能量会引起板块错动和破裂，于是便引发了地震。

熔岩来自哪里？

·地球内部有滚烫的熔化的岩石，这就是岩浆。它们被储存在一个"大容器"里。当容器填满后，这些岩浆便会溢出，从火山口喷发出来，形成火山熔岩！

·大海里也有火山，喷发出的岩浆很快便被海水冷却，形成岛屿。夏威夷岛就是这么形成的。

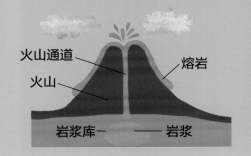

火山通道

熔岩

火山

岩浆库—　　—岩浆

什么是臭氧层？

臭氧是一种肉眼看不见的气体，它把地球包裹起来。它可以抵挡来自太阳的某些危险射线，如同盾牌一般。然而，人类制造出的一些气体正在损害地球的臭氧层。

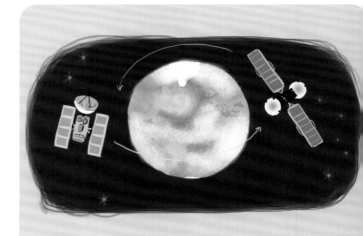

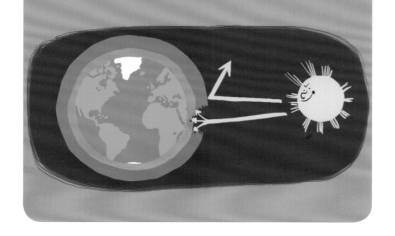

我们如何预报天气？

多亏了电脑与围绕地球转动的卫星，它们观测气团在空中的运动轨迹，从而计算出天气状况。

为什么有7块大陆？

很久以前，地球上只有一块大陆。它被称为"泛大陆"。后来，泛大陆分裂成好几块，彼此的距离越来越远……现在，地球上共有7块大陆：北美洲、南美洲、欧洲、亚洲、非洲、大洋洲与南极洲。

2.25亿年前

6000万年前

现在

为什么有夜晚？

地球自己会转动。所以有些时候，地球上的部分地区无法接收到阳光，这就是夜晚！当地球再转回去时，白天就到来了，地球的另一面则进入夜晚。

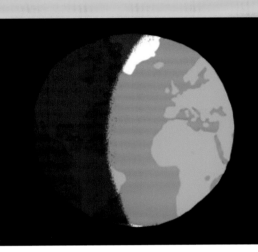

为什么月亮的形状总是不一样？

月亮一直是圆形的，形状变化只是因为公转时被太阳照射的部分不一样。当它的一面被太阳完整照到时，我们看到的就是满月；如果只有一部分，则是弯月。

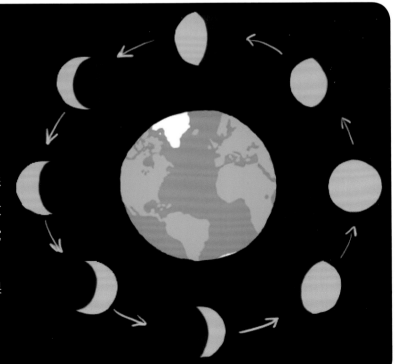

宇宙是如何诞生的？

最初，宇宙炙热又紧密。突然，它迅速、猛烈地展开，这就是大爆炸事件。接着，宇宙的温度下降，出现了恒星，然后出现行星。它们组成了各种星系。

为什么有人说金星是地球的"双子星"？

因为两颗行星的大小相近，诞生时间也差不多。在两颗星球上，都有高山、平原、火山。

地球内部是什么？

地球中心是由金属元素构成的。自内向外依次是地核、地幔和地壳。

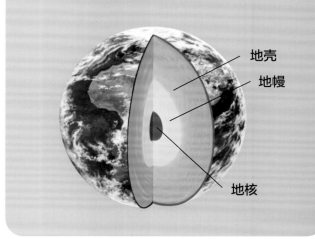

地壳
地幔
地核